夏季的星空

仙后座
仙王座
小熊座
天龙座
大熊座
天鹅座
海豚座
天琴座
武仙座
极点
天箭座
北冕座
牧夫座
天鹰座
巨蛇座
处女座
蛇夫座
地平线
南

天文星球

天文学家写给孩子的太空知识书

[德] 迪特尔·B. 赫尔曼 ◉ 著　[德] 维达利·康斯坦丁诺夫 ◉ 绘

郭海琴 ◉ 译

四川少年儿童出版社

图书在版编目（CIP）数据

天文星球 ／（德）迪特尔·B. 赫尔曼著；（德）维达利·康斯坦丁诺夫绘；郭海琴译. — 成都：四川少年儿童出版社，2024.1
ISBN 978-7-5728-1345-0

Ⅰ. ①天… Ⅱ. ①迪… ②维… ③郭… Ⅲ. ①天文学—少儿读物 Ⅳ. ① P1-49

中国国家版本馆CIP数据核字(2023)第250580号

Original title:
Author: Dieter B. Herrmann
Illustrator: Vitali Konstantinov
Title: Planeten, Sterne, Galaxien. Ein Streifzug durch das Weltall
Copyright © 2014 Gerstenberg Verlag, Hildesheim
Chinese language edition arranged through HERCULES Business & Culture GmbH, Germany
Translation copyright © 2024 by Beijing Red Dot Wisdom Cultural Development Co., Ltd
All rights reserved

四川省版权局著作权合同登记号：图进字 21-2024-018

TIANWEN XINGQIU

天文星球

出 版 人：余 兰
项目统筹：高海潮
责任编辑：刘国斌 张建红
责任校对：张舒平
美术编辑：李 化
责任印制：李 欣

作　　者：［德］迪特尔·B. 赫尔曼
绘　　图：［德］维达利·康斯坦丁诺夫
译　　者：郭海琴
出　　版：四川少年儿童出版社
地　　址：成都市锦江区三色路238号
网　　址：http://www.sccph.com.cn
网　　店：http://scsnetcbs.tmall.com
印　　刷：深圳市福圣印刷有限公司
经　　销：新华书店
成品尺寸：210mm×210mm

开　　本：20
印　　张：3.6
字　　数：72千
版　　次：2024年4月第1版
印　　次：2024年4月第1次印刷
书　　号：ISBN 978-7-5728-1345-0
定　　价：58.00元

目录

月亮与计时器
古老的天文探索

在清朗的夜晚，我们站在空旷的室外仰望天空，那里闪烁着不计其数的微小光点，如同一闪一闪的萤火虫。我们还常常能看到高挂在树梢上的镰刀状的弯月。你一定想知道，我们头顶上闪闪发光的星河是什么，它们是和太阳一样的恒星，还是和地球一样的行星？抑或是其他天体？它们距离我们有多远？如果我们想去那些微小的光点，需要飞行多长时间？

几千年以前，当我们的祖先仰望星空时，他们的惊讶和赞叹绝不亚于我们。他们对夜空充满好奇，一次次抬头仰望万千星光。他们想要探究星空是一成不变的，还是随着时间的推移而改变的。这些先民中的智者，成为第一批星空研究者和发现者。因为他们主要研究星星及其运行规律，所以可以被视作早期的天文学家。

　　天文学家们观测星星、月亮和太阳在天空中运行的轨迹。它们升上天空，不断向上爬升，达到最高点，然后开始下降，最终落入地平线，消失不见。星星一直在运动，但因距离太远，即使几十年过去了亦难以用肉眼察觉其相对位置的改变，所以古时的人们将这类星星命名为 Fixus[①]—— 恒星，并沿用至今。还有一些星星，由于它们绕着恒星运行，如同动物在草场上有规律地行走，因此人们将这些星星称为 Planetes[②]—— 行星。

　　直到今天，我们依然觉得太阳每天早晨升起，傍晚落下，月亮、星星晚上出现。然而这些印象只是假象，并不准确。这恰恰说明了：仅仅依靠观察还远远不够，我们通常看到的只是表面的、局部的现象。

　　举个例子，站在一条长长的林荫大道的起点，道路两侧排列着树木，我们看向另一端，会觉得两侧树木之间的距离越来越窄，最后仿佛紧紧连在一起，好像无法从中间穿过。我们当然不会就此断定此路不通，转身离开，因为经验告诉我们：这只是一种视觉假象。专业人士将这一现象称为"透视"。

---

① ［译注］Fixus，在拉丁语中的意思是"恒定"。历史上的许多天文学家都是使用的拉丁语。
② ［译注］Planetes，在希腊语中的意思是"四处走动"。

事实上，沿着整条林荫大道两侧栽种的所有树木之间距离基本均等，但是透视现象让我们觉得离我们越远的树排得越紧密。

现在我们已经知道了科学研究的重要特点之一：**精准观察和确认真相**。科学研究常常极其困难，要求人们持之以恒且殚精竭虑。

几千年以前，即使最聪明的研究者也不知道太阳、月亮和星星究竟是什么。尽管如此，通过日积月累、仔细认真地观察天空的变化情况，前人还是获知了许多天文信息。

仅就时间概念而言，太阳、月亮和星星在天空中的意义类似于钟表。不同的是，我们听不到"天空时钟"嘀嗒作响，早晨它也不会响起铃声将我们从床上唤醒。当太阳升起时，白天开始了；正午时分，太阳高挂在天空的最上方；当太阳下山时，意味着白天过去，夜晚来临。

月亮绕着地球这颗行星转，行星的这种"伴星"被称为卫星。其他行星也有自己的卫星，有的甚至拥有多颗卫星。若一束光从地球表面射出，约一秒钟就可以到达月球表面，而一架民用飞机从地球飞往月球，则需要持续飞行约 16 天。人类在 50 多年前就已经拜访了月球，1969 年至 1972 年，共有 12 名美国宇航员乘着宇宙飞船登陆月球。

人们还会按照月亮的盈亏变化来确定时间。假如今天一轮满月高挂在天空，那从明天起，我们会看到

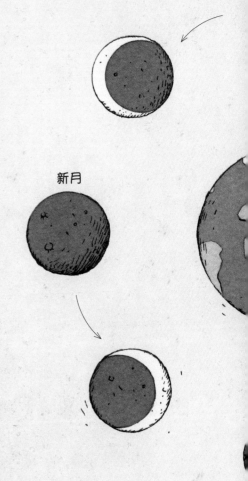

新月

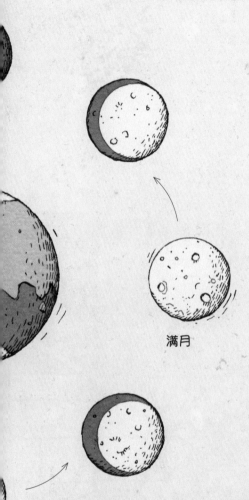

满月

它开始慢慢变小，直到仿佛完全消失，人们将这个仿佛消失的月亮称为新月。

紧接着，月亮又开始慢慢变大，直到出现新一轮的满月。这期间大概过去了一个月。尽管这个估算并不完全精准，但是早在几千年以前，人们就已经通过观察月相来确定时间了。

星空也能当作时钟。如果掌握一些天文知识，这个时钟甚至还能指示日期。第一部年历的诞生就来自于对星空的精确观察，一年被划分为月、星期和日，接着进一步细化，分为小时、分和秒。如今我们不再需要通过观察日出日落、月盈月亏来推测时间，因为拥有了极其精确的计时器，只是这些精确的计时器依然是参照天文信息制造的。

在本书中，我们将跟随天文学家去看一看他们的发现和所得。我们的宇宙漫游之旅就从天空中最明亮的恒星——太阳开始了。

9

太阳
光与热之源

太阳——我们最熟悉的恒星。同天空中绝大部分闪闪发光的小星星一样，太阳是一颗恒星。可为什么我们看到的太阳要比其他恒星大得多，也亮得多呢？原因很简单：其他恒星离我们非常遥远，太阳则离我们相对近得多。

当我们被太阳照射时，感觉非常温暖。太阳是地球光与热的来源，它还是地球生命可以存活、生长的前提条件。如果没有太阳，地球就是一个贫瘠冰冷的星球，既不会有植物，也不会有动物，更不会出现人类。

前往太阳的路程非常遥远。一架民用飞机飞上云霄只需要几分钟，而绕地球飞行一圈则大约需要两天两夜。假如我们能够乘坐飞机飞向太阳，需要不间断地飞行约 21 年才能到达！在所有恒星中，太阳离我们最近，可是它与我们之间的距离依然远得无法企及。

如今我们已经了解了许多有关太阳的知识，而很久以前人们认为探索太阳是根本不可能的。那时的人们大多只能研究手可以触摸、眼睛可以辨认的事物，例如树木、湖泊，或者在地上爬行的甲虫。好在，我们后来认识了一位神奇的助手，有了"他"，我们研究太阳就不再那么迷茫。

光——世界上最快的信使，它会协助我们研究太阳，这位信使向我们讲述了许多关于太阳的信息。汽车、飞机，甚至火箭的速度都远远比不上光前进的速度。光进行直线传播，从不弯曲。当你站在阳光下，或者站在一盏灯前面时，你的周围会投下一片阴影，这是因为光无法绕过你拐弯前进。如果光可以环绕地球，那么它可以在 1 秒之内绕整个地球 7 圈。1 秒是极其短暂的时间，就好比我们说出数字"1"所需的时间。

宇宙之大难以想象，人们只能用光来标记宇宙的广袤，即以光抵达某一特定距离所需要的时间作为距离计算单位。从太阳发出的光，抵达地球大概需要 8 分钟，于是我们这样表述：太阳与地球的距离约为 8 光分。从地球到有些行星的距离非常遥远，需要用光年来计量。

常温

除此以外，光告诉我们的信息还有很多，例如：高温物体发出的光的颜色可以显示物体的温度，升温变热的物体会发出特定颜色的光。众所周知，一根铁棒在我们生活的常温条件下不会发光，如果用高温加热，一开始它会发出暗红色光芒，持续加热，它会发出黄色，甚至白蓝色光芒。

约 500℃

宇宙中的天体也是一样的，随着温度升高，首先发出暗红色光芒，接着是黄色光芒，达到极高温度时会散发白蓝色光芒。因此，每个发光天体的颜色能告诉我们，它达到了多高的温度。天文学家并不相信自己的眼睛，为了可以确切地测定光的颜色，还采用了复杂的设备仪器。通过测量我们得知，当太阳发出黄色光芒时，其表面温度高达 6000℃。我们在地球上不会遇到如此高的温度，当夏天温度达到 30℃时，我们已经汗流浃背了！

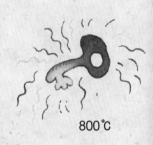

800℃

天文学家还确认了另一点：在 6000℃这一高温情况下，任何物质都会变成气态，因此太阳表面也应该是气态。

1528℃

太阳内部有什么？ 这个问题很难回答。因为即使采用最先进的望远镜，也不可能看到太阳内部。我们从太阳获得的光和热，是从靠近太阳表面的极薄表层中发散出来的。如果有一架类似于潜艇的机器可以让我们潜入太阳内部，深入研究太阳的构造，那该多好啊！不过目前的技术水平完全不可能做到这些。尽管如此，我们还是可以展开想象：随着我们不断地深入太阳内部，"潜艇"上的温度计显示周围的温度变得越来越高，太阳内部的核心位置，温度高达 1500 万℃——太阳是一颗由气体组成的巨大的发光发热球体，它的内部比外部要热得多。太阳的所有重量也集中在太阳核上，这里的压力大得惊人。

太阳有多大？ 当我们观察天空中的太阳时，觉得它仿佛和月亮一样大，然而这又是一个假象。事实上，太阳比月亮大得多。透视现象要对此负责：一个物体离我们越远，看起来就越小。

有时，一架在高空中飞行的飞机看起来要小于我们眼前树枝上的一只小鸟。事实上，飞机要大得多，里面可以搭载上百人和他们的行李。同样的道理，和月亮相比，太阳离我们更远，所以看起来更小。

太阳的确大得无法想象。一架民用飞机绕地球飞行一圈大约需要两天两夜，而

它环绕太阳飞行一圈大约需要 6 个月。假设整个地球突然变得如同大头针的针头那样小，那等比例缩小的太阳差不多如同一个南瓜，而月亮则比大头针的针头还要小得多，小到人类的肉眼都无法辨识。

- 小档案 -

这就是**太阳**。

一个**气态星球**。

离我们**如此遥远**，如若我们乘坐一架普通民用飞机不间断地飞行，约 **21 年**才能抵达太阳。

表面温度高达 6000°C，内部核心位置的温度高达 1500 万°C，这意味着，组成太阳的所有物质均已熔化和汽化。

体积如此**巨大**，相当于 130 万个地球。

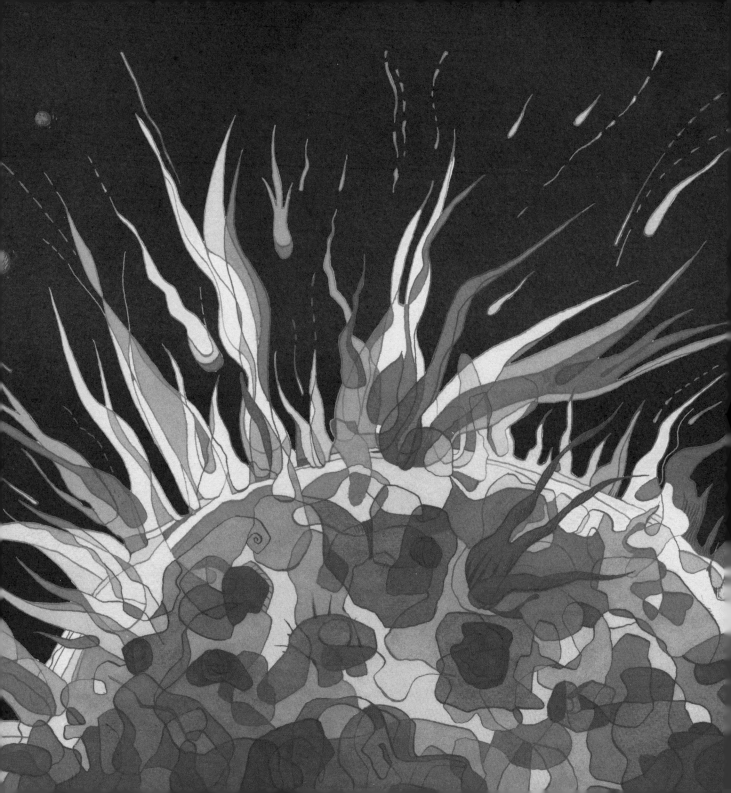

八大行星
太阳系的家族成员

在这一章你可以认识"太阳家族"。在很久很久以前，八大行星及其卫星、小行星、彗星、星际物质等和太阳一起组成了太阳系，就如同组成了一个家族。我们在其中的一颗行星上生活，它就是我们共同的家园——地球。

八颗行星拥有迥然不同的特性，不过它们全部绕着太阳公转，每颗行星都有自己的运行轨道。如果一颗行星的轨道靠近太阳，它绕太阳公转一周并不需要太长的时间；如果一颗行星的轨道远离太阳，它需要几年、几十年，甚至近百年才能绕太阳公转一周，比如天王星。

我们能在天空中看见这些行星，取决于太阳，它发出的光照耀行星，然后行星如同镜子一样将一部分光反射回去。我们要感谢那些穿梭于宇宙中的飞行器和太空考察探测器，我们了解的有关太阳系的大部分信息都来自于它们。早在3000多年前，古巴比伦人已经发现并辨识出行星，古希腊人也能够观测行星。人们用古罗马、古希腊神话中众神的名字来命名行星。

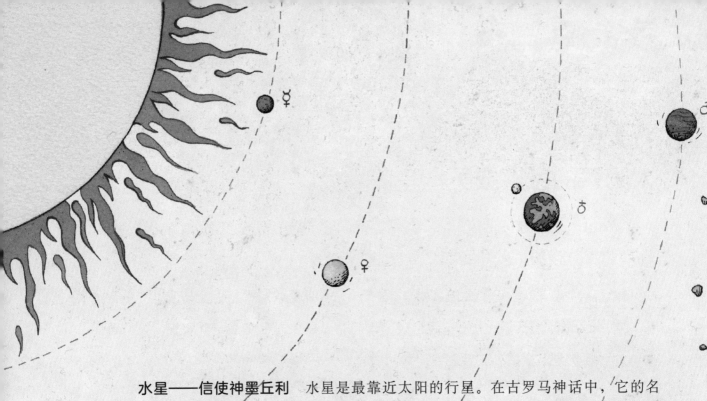

水星——信使神墨丘利 水星是最靠近太阳的行星。在古罗马神话中，它的名字意为飞行的信使。水星的运行速度特别快，它绕太阳公转一周大约需要 88 天。一架飞机从太阳出发，不间断地飞行 3 年多，才能抵达水星。不同于地球，水星没有大气层，它被太阳照射的那一半非常炙热；与此同时，不被太阳照射的另一半则极为寒冷。来自宇宙的大大小小的流星、陨石如同弹头一般直接击中水星表面，由此造成了水星表面星罗棋布的环形山。

金星——爱与美的女神维纳斯 金星在天空中特别明亮，中国古代称之为长庚星或者启明星，古罗马人将它视为爱与美的女神维纳斯。从金星飞往太阳，飞机需要飞行将近 7 年的时间。尽管离太阳的距离不是最近的，但是金星表面的温度比水

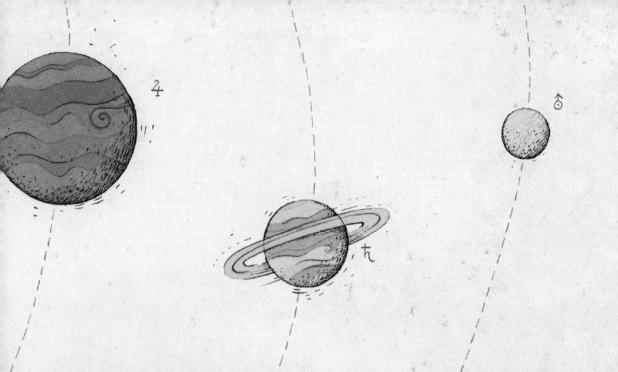

星还要高，原因在于太阳热量进入金星大气层后，因其大气层的厚度极大，热量无法散出，金星就如同一个温室。

地球——人类的家园 按距太阳由近及远的次序，地球与太阳之间的距离在八大行星中排第三位。它绕太阳公转一周的时间大约是 365 天。在八大行星中，地球是目前已知的唯一一颗拥有生命的行星，因为地球到太阳的距离恰到好处，可以让生物存活。这些生命的存在依赖于地球上稳定的光照、适宜的温度、液态水、恰到好处的大气厚度和大气成分。地球表面绝大部分被海洋覆盖，35 亿年前在原始海洋里诞生了简单、低级的生物，然后它们不断进化成复杂、高级的生物。今天，地球上生活着数不胜数的动物和植物，当然也包括人类。

随着时间的推移，人类不断地改造着地球，不过这也给地球带来了巨大的危害。工业排放的大量二氧化碳等因素让全球气候变暖；南北两极的冰川不断融化，海平面升高，威胁到地球上的许多生命。因此，我们必须非常严肃认真地思考一下：人类和人类的家园应该何去何从。

火星——红色的战神玛尔斯　如果我们从地球出发，背向太阳飞行，遇到的第一颗行星就是火星，它得名于古罗马神话里的战神玛尔斯，也被称为"红色星球"。因为它橘红色的外表看上去如同火焰一般。火星比地球小，有 2 颗卫星环绕它运行。它只有一层非常薄的大气层，无法留住来自太阳的热量，所以比地球寒冷得多。火星上天气多变，有时会有暴风，会在火星表面刮起猛烈的沙尘暴。

火星上的风景极为壮美，它有整个

太阳系最大的火山——奥林帕斯山，高度约 21000 米，而地球上的最高峰——珠穆朗玛峰的海拔高度不到 9000 米。

木星——主神朱庇特　朱庇特是古罗马神话中的众神之王，木星是太阳系中最大的行星，因此古罗马人用朱庇特来命名木星。这颗行星与太阳间的距离相当于地球与太阳之间距离的 5 倍。尽管如此遥远，但是它在天空中依然能反射太阳发出的明亮光芒，这是因为它硕大的体积。木星的直径约是地球的 11 倍。它主要由气体构成，没有可以明确界定的固体表面。木星有 79 颗卫星，其中有 4 颗特别巨大，是著名的意大利天文学家伽利略在 1610 年发现的。

这 4 颗卫星都以古希腊神话中的人物命名，分别为伊奥（木卫一）、欧罗巴（木卫二）、盖尼米得（木卫三）和卡利斯托（木卫四）。

土星——农神萨图尔努斯　土星的名字源自古罗马神话中的农神萨图尔努斯，因为古罗马人认为这颗行星可以护佑农民获得硕果累累的大丰收。土星同样为气体星球，但在其内部最深处有坚固岩石构成的固体核心。土星赤道直径约是地球的 9 倍，如果一架飞机从土星出发，要持续飞行 80 多年才能抵达太阳。

土星最美丽的就是它的行星环。这个行星环由无数大小不等的颗粒组成，颗粒集

23

结成环状轨道绕着土星运行。这些颗粒直径有大有小，大的可达几米，小的不过几厘米甚至更小，如同尘粒一般。若用高倍望远镜观看，这些颗粒仿佛是一个巨大的圆环，在阳光的照射下形成明亮的光环。此外，还有 62 颗卫星围绕着土星运转，其中最大的一颗卫星名为泰坦（土卫六），它的直径甚至超过了水星的直径。

天王星——天空之神乌拉诺斯　古希腊神话中，乌拉诺斯是第一位天空统治者。直到 1781 年，人们借助望远镜才第一次发现这颗行星。天王星的体积仅次于木星和土星，同样也是一颗气体行星。在地球上，人们无法用肉眼看到天王星。

海王星——海神尼普顿　人们直到 1846 年才发现这颗太阳系中最遥远的行星，并以古罗马海神命名。观看拍摄到的海王星彩色影像照片，海王星的确如海洋一般

湛蓝。不过这和水没有任何关系，因为那里根本不存在水。海王星呈蓝色的原因之一是它的大气中有甲烷。甲烷吸收了太阳光中的红色光，反射了蓝色光，因此呈现蓝色。海王星同样是巨大无比的气体行星，体积和天王星差不多。

小行星　太阳系中还有数百万颗小行星，它们绝大部分位于火星和木星轨道之间，绕着太阳公转。在海王星以外的区域也分布着大量小行星。宇宙探测器已经可以近距离拍摄一部分小行星的照片，例如直径 56 千米左右的小行星艾达。

彗星　彗星是绕太阳运行的一种天体，轨道多为抛物线和双曲线，少数为椭圆。它的形状比较特别：远离太阳时，是发光的云雾状小斑点；靠近太阳时，由彗核、彗发和彗尾组成。彗核由比较密集的固体，如石块、尘粒、冰块等构成。彗核周围

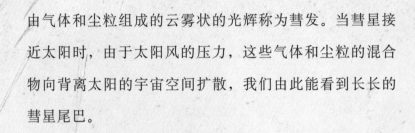

由气体和尘粒组成的云雾状的光辉称为彗发。当彗星接近太阳时，由于太阳风的压力，这些气体和尘粒的混合物向背离太阳的宇宙空间扩散，我们由此能看到长长的彗星尾巴。

这些尘粒很多比豌豆还要小，有时会飞向地球。由于它们的飞行速度极快，在穿过地球大气层时，会跟大气摩擦产生热和光，然后消失无迹，这种现象就是我们常说的"流星"。八月出现流星的频率高，数量大。

宇宙中的影子游戏 天空中有各种天文现象。其中，月食和日食当属最瞩目的了。当地球位于月亮和太阳的中间，月亮运行进入地球在宇宙中投下的阴影区域时，月食就发生了。

不过，这个阴影区域并不是完全黑暗的，因为地球周围还有大气层。特定的（即红色）光线会从大气层中

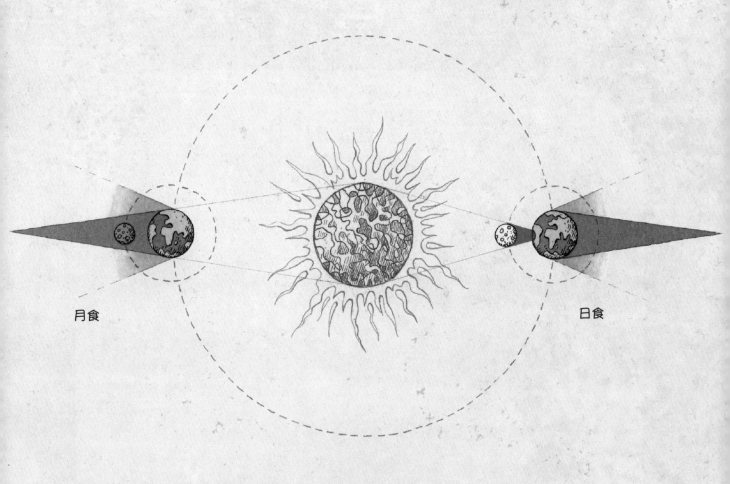

月食

日食

射出，进入月亮所处的阴影区域，因此我们能看到月亮发出赤铜色的光芒。

　　当月亮位于太阳和地球的中间时，日食现象就会发生。月亮的阴影正好落在地球上，阴影所在的地球表面均可以观看到完整的日食。当太阳在天空中"消失"时，我们可以看到黑暗的太阳周围有一圈极其明亮的光环。

- 小档案 -

这就是**太阳系**。

八大行星环绕着太阳公转，其中就包括地球。

还有数百万颗**小行星**。

彗星，俗称"扫帚星"，某些时候会呈现壮美的天文景观。

流星，如同发光的箭矢划过天空，消失无迹。

地心说，日心说
最初的宇宙观

  2000 多年前，人类第一次有了宇宙的观念，当时的"宇宙"包括地球、月亮、太阳、水星、金星、火星、木星以及土星等。古希腊天文学家将得到的结论称为"宇宙观"，认为地球居于宇宙的中心不动，太阳、月亮等星体都绕着地球运转。因此人们也将这种宇宙观称为"以地球为中心的宇宙体系"，最早由欧多克斯和亚里士多德提出。公元 2 世纪，古罗马天文学家托勒密进一步发展了这种宇宙体系的学说，即"地心说"。

直到公元 16 世纪，人们都深信托勒密的宇宙观。不过后来的新发现显示，之前的观点是错误的，于是出现了全新的宇宙观。

哥白尼提出太阳位于宇宙的中心，地球是一颗行星，与水星、火星和木星一样。人们将这种宇宙观称为"以太阳为中心的宇宙体系"，即"日心说"。此外，哥白尼还第一个发现地球除了围绕太阳公转外，还绕着自己的轴自转。所以，日夜交替并不是因为地球绕着太阳公转，而是因为地球的自转。

与哥白尼同时代的许多人都认为他的想法和学说荒诞无稽，甚至还有一部分人对此非常愤慨，因为"日心说"让地球不再是宇宙的中心。如今，我们知道：太阳只是太阳系的中心而不是宇宙的中心。接下来，就让我们走进更加浩瀚的宇宙吧！

恒星
从诞生到衰亡

太阳是一颗恒星，宇宙中众多的恒星就相当于是众多的"太阳"。尽管清朗的夜空中布满了恒星，可是如果没有月亮反射太阳光，地球就会是漆黑一片。为什么会这样？我们也已知道原因：其他的恒星离我们极其遥远，远到你根本无法想象。

世界上速度最快的信使——光，如果从下一颗紧邻太阳的恒星射出，需要4年多的时间才能抵达地球，所以这颗恒星和地球之间的距离超过4光年。该恒星名为南门二（学名"半人马α"），位于半人马星座中，地球上只有在南半球才能看到它。其他恒星离地球更加遥远，由于绝大部分恒星距离太远，我们根本看不到它们，即使它们发出的光能和太阳光相媲美，甚至比太阳光还要明亮。

为什么我们在白天看不到星星？因为在白天，明亮的太阳光通过地球大气层时，波长较短的蓝色光被散射到整个天空中，而其他恒星的光相比太阳光要微弱得多，所以在白天无法看到星星。

每颗恒星都迥然不同　所有恒星都与众不同，各具特色，就如同每个人都与其他人不尽相同，有所区别。尽管所有人都有头、躯干、手和脚，但是世界上并没有完全相同的两个人。恒星的情况也是这样，即使它们都是发光发热的气态球体，每一颗恒星的状态、性质也不同于其他的恒星。

有的恒星看上去微微泛红，有的是黄色，还有的是蓝色和白色，这是因为它们的温度高低不同。蓝色和白色恒星的温度高，红色恒星的温度则稍稍低一些。

如果能够称量恒星的质量，我们会发现，它们的质量也完全不同。有的恒星的质量比太阳要轻一些，而有的恒星的质量则可能是太阳的 40 倍。

恒星的大小也迥然不同。有些恒星的体积比太阳大得多；也有一些非常小的恒星，和一个城市的大小不相上下。当然，在炙热的气态恒星上没有生物，也不会有大大小小的城市。

从幼年恒星到晚年恒星 在几千年以前，当时的天文学家们认为：恒星永远存在。无论何时，当人们仰望星空中的恒星，会觉得它们仿佛根本没有变化。我们必须再一次意识到：表面现象具有欺骗性。

今天，我们知道，如同植物、动物和人类一样，恒星也会经历诞生、成长以及衰亡的发展阶段。不过，我们为什么没有注意到恒星的这些变化呢？为什么如今我们看到的星空和我们曾祖父母看到的如出一辙呢？

为了回答上述问题，我们必须了解恒星是如何诞生的。恒星在自然规律的作用下自发形成，不过必须得有某些特定的"组成成分"。地球上的一棵树也是完全自发生长的，不过需要泥土、空气、水、阳光和一颗种子作为前提条件，恒星的诞生也是如此。

恒星是从星云的碎裂和塌缩中诞生的。不过，宇宙中的星云和地球大气层中飘浮的卷积云或者积雨云没有任何关系。宇

气体云

聚变

恒星

红巨星

超新星

35

宙中的星云要大得多，而且离地球非常遥远，是由气体和尘粒组成的云雾状天体。这些气体的主要成分是氢元素，这是一种非常轻的气态元素。有些星云极其巨大，世界上最快的信使——光，需要100年甚至更长时间，才能从这些星云的这一端抵达另一端。

恒星的形成过程非常漫长。一开始，一些宇宙星云的微小碎片相互吸引、靠近，如同苹果从树上掉落时会落向地面，越集越多。这一团聚合体越来越大，越来越热，也越来越重，接着开始聚变，最终诞生了一颗恒星。还有一些剩余的宇宙星云碎片，它们会成为这颗新恒星的行星原材料，从而形成这颗恒星的"行星家族"。我们知道，许多远方的恒星同样有行星环绕它们运转，正如我们的太阳。

我们无法观测到恒星的诞生过程，因为这一过程持续的时间很长。从宇宙星云的第一个微小膨胀体出现，直到恒星诞生，需要几十万年甚至上千万年之久。

恒星靠什么存活？当然不是靠吃饭喝水！它从自己内部汲取"食物"，一颗恒星的"食物"就是它本身的组成物质。巨量物质发生聚变后，恒星自身开始发光，而由组成物质转换成的能量则被恒星送入宇宙中。

恒星在消耗自身的组成物质的同时，也在渐渐地吞噬自己，直到有一天，其内部的物质不足以让它继续获得能量，这时的它就不再是"活的"恒星，而成为一颗"死去的"星体，慢慢变冷。

恒星老化衰退　现在我们回到这个问题：为什么星空看上去总是一成不变的？因为恒星存在的时间极其长远，远远超过人类存在的时间。人类及其祖先仅仅在地球上生活了几百万年（100万年等于1000×1000年）。和恒星的年龄相比，几百万年如同弹指之间，而绝大部分恒星的年龄超过几十亿年。谁能生存如此长的时间？没有人。正是由于恒星老化衰退的过程漫长，我们在天空中几乎看不到一颗生命刚刚终止的恒星。因此，星空在相当长的一段时间里，看起来总是一成不变的。

我们这样想象一下：一个房间的白炽灯在使用一定的时间后，灯丝会烧断熄灭，它会突然发出咔嚓声，然后房间内会变得漆黑一片。如今的节能灯使用几年后，也会发生类似的情况。假如这时一只苍蝇在这个房间里嗡嗡地飞来飞去，它的生命也仅有几十天而已。如果苍蝇能够思考，它会觉得房间里的白炽灯永远亮着，直到它偶然遇到以下情况——当它飞入房间时，恰巧房间里的灯突然烧坏熄灭，苍蝇才可能会改变自己的想法。

人类关于恒星的想法也是如此，我们几乎不可能看到一颗恒星完全衰亡。恒星在衰亡之前会变得通体明亮，发生剧烈爆发，人们将这一过程称为"超新星爆发"。历史上人类观测到的最近的一次恒星爆发，发生于 1604 年。当时著名的天文学家约翰尼斯·开普勒观察到这一现象，但是当时的他并不知道，这颗恒星正在"死"去。开普勒以为，那是一颗新的恒星正在形成，因为它看上去如此明亮炫目，于是他将这一现象称为超新星爆发，并在他的著作《蛇夫座底部的新星》中记录下了这一观测情况，当时，这颗距离地球 2 万光年的超新星在蛇夫座内爆发。

- 小档案 -

这就是**恒星**。

远方的**"太阳"**们。

它们离**我们如此遥远**，光线从它们那里射出直至到达地球，需要持续几年、几十年、几百年甚至几千年。

它们**比我们的太阳重一些或者轻一些**，大一些或者小一些，热一些或者冷一些。

它们诞生于宇宙中稀薄的星云。

它们将自己的组成物质转化为能量，通过消耗自己，在宇宙中闪闪发光。

它们经历了无法想象的漫长时间后走到生命的终点，此时它们已将自己的能量储备消耗殆尽。

银河系
无与伦比的风火轮

恒星并不孤单，它们都是某个巨大星系的组成部分，这个星系内可能会聚集上亿颗恒星。天文学家们经过极其漫长的探索，才探清了这一情况，并发现地球也身处于这一集合之内。这也许就是"只缘身在此山中"吧！

就如同人们乘坐着直升机在森林上空飞行，可能只需一眼就可以看到森林里树木的分布情况。可是当人们身处森林中时，想要完成上述任务，就需要好好地观察和思考。

古代的天文学家认为：如果我们非常仔细认真地观察星空，就可能会参透星星排列的秘密。他们想象着，星星全部均衡地分布在各个方向上，而且相互之间的距离一样，在任何地方都能看到同样数量的星星。事实上，在不同的地方，星空看上去是截然不同的。有时我们在这个区域能看到许多星星，而在另一个区域则只能看到很少的一部分；有时这里的星光明亮，那里的星光则稍稍弱一些。

在清朗的夜晚，我们会发现一条宽窄不一的呈乳白色的光带横跨整个星空，十分引人注目，这就是银河系。通过微型望远镜观察这条光带，我们可以发现，它由无数颗恒星组成。有的恒星的光芒非常微弱，因为它们离我们极其遥远，而那些比较明亮的恒星则相对离我们比较近。

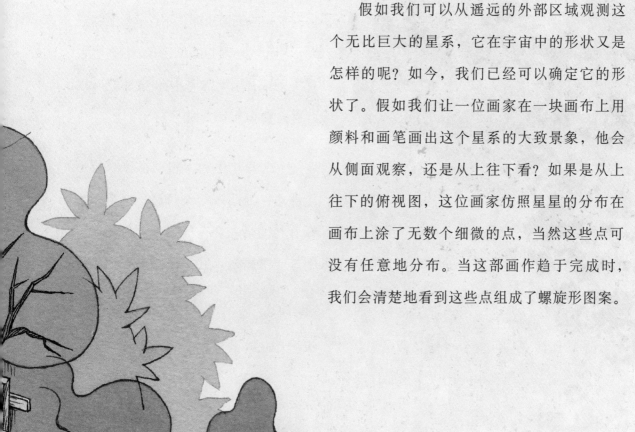

螺旋和"铁饼" 天文学家提出了这样的问题：从地球上看到天空中的这个星系呈带状分布，那恒星在这一区域内又是如何分布的呢？通过观察，天文学家发现绝大部分的恒星分布在一个扁平层内。他们还进一步得出结论：太阳和地球也身在这个扁平层内。所以地球上的人们无论身在何处，都可以借助天文望远镜观测这一星系。

假如我们可以从遥远的外部区域观测这个无比巨大的星系，它在宇宙中的形状又是怎样的呢？如今，我们已经可以确定它的形状了。假如我们让一位画家在一块画布上用颜料和画笔画出这个星系的大致景象，他会从侧面观察，还是从上往下看？如果是从上往下的俯视图，这位画家仿照星星的分布在画布上涂了无数个细微的点，当然这些点可没有任意地分布。当这部画作趋于完成时，我们会清楚地看到这些点组成了螺旋形图案。

若这块画布上每一个小点代表一颗恒星，那这位画家肯定需要很多颜料才能完成他的画作。因为在这个星系中积聚着 $100 \times 1000 \times 1000 \times 1000$ 颗以上的恒星，即 1000 亿颗以上闪闪发光的气态星球。不过这幅画作还不算完成，因为除了已有恒星，在银河系中还有大量气体和尘粒——这将是新恒星诞生的原材料。

这些气体和尘粒同样以螺旋形排列，因此人们又将这一星系称为"螺旋星云"，它看上去有点类似于风火轮，又像旋转的烟花棒——当然前者比后者要大得多。这个硕大无比的星系也在自转，只不过非常缓慢，它完整自转一周需要大约 $200 \times 1000 \times 1000$ 年（即 2 亿年）。

若从侧面观察，这个星系又会是怎样的形状呢？此时的星系看起来如同一块铁饼，非常扁平，但是中间比边缘稍厚一些。

这个硕大无比的螺旋星云，到底有多大呢？有一个巧妙的方法可以帮助我们进行联想对比：设想一下，巨大的太阳收缩成一颗沙粒般大小，其他行星、整个螺旋星云、所有恒星都以同样的比例收缩。现在它们之间的距离有多远？紧邻地球沙粒的下一颗恒星沙粒和太阳沙粒之间的距离大约有 50 千米。当然整个银河系则要大得多，一束光从它的一端抵达另一端，需要大约 100×1000 年，也就是 10 万光年，这一距离相当于 100 颗"没有收缩的"地球连在一起的直径总和。

　　爱尔兰天文学家威廉·帕森思，是一位真正的"宇宙画家"。他制造了一架当时世界上最大的天文望远镜。他利用这架天文望远镜首先发现了天空中的螺旋星云，并记录了下来，但他并不知道他记录的到底是什么。美国天文学家爱德文·哈勃首先意识到这些可能是遥远的恒星系，他用性能更加出色的天文望远镜证明：除了银河系，宇宙中还存在着其他河外星系。

这就是**银河系**。

硕大无比的**聚合体**。

包含 $100 \times 1000 \times 1000 \times 1000$（即 1000 亿）颗以上的**恒星**。

由**恒星**、气体和尘粒组成的螺旋星云。

它如此巨大，世界上最快的信使——光，从它的一端抵达另一端，需要大约 100×1000 年，即 10 万光年。

星系团
星系间的联盟

我们什么时候才能遨游整个银河系？当我们冲出太阳系后会发生什么？我们还能感知周围的环境吗？啊！真是不敢想象。一个无边无际的巨大空间展现在我们面前，里面几乎什么也没有，空荡荡的……附近也没有其他恒星，周围是难以想象的极度寒冷。终于，经过漫长的飞行后，我们到达了邻近的一个恒星系——另一个新的河外星系。在地球上，我们有机会用肉眼看到这个邻居星系，一团光芒微弱的星云：它就是银河系的邻居——仙女座星系。它是位于仙女座方位的拥有巨大盘状结构的旋涡星系，看上去如同稀薄的云雾，人们在秋季清朗的夜空中可以观测到它。它是离地球较近的河外星系之一，尽管如此，从地球到仙女座星系的距离也超过了250万光年！

越来越多的河外星系　不过我觉得上述距离还不够远，我们继续穿过

空旷的宇宙空间前行几年，几十年，几百年……我们在宇宙深处不断发现距离更加遥远的新星系、几十亿颗恒星，以及无数气体和尘粒。

通过探索得知：和恒星一样，所有的星系也是截然不同的。有些星系比银河系大一些，有些则小一些，有些甚至不是螺旋星云，看起来奇形怪状的。一些星系看起来也不喜欢孤单寂寞，尽管它们之间的距离让我们觉得如此遥不可及，但它们还是会彼此靠近，积聚成一大团，如同在学校里，向操场上集中的学生们。这个星系团紧密地聚合在一起，因而它与下一个星系团之间的距离则更加遥远。银河系就位于这样的星系团中。这个庞大的星系团大约囊括了 80 个星系，其中绝大部分为小型星系。在遥远的宇宙空间，我们会遇到另外一个包含许多星系的星系团。如果还可以继续航行很长时间的话，我们将会遇到更多这样的星系团。

天文学家们是如何获取这些信息的呢？毕竟目前人类还不可能到达如此遥远的地方。借助性能优良的天文望远镜，天文学家就可以测算出星系之间的距离，探索它们在宇宙中的分布情况。当然，还有更先进的观测工具——安装在人造卫星上研究天体的太空望远镜，例如哈勃太空望远镜。

望远镜
天文学家的人造眼睛

如果没有望远镜，我们就不可能获取到这么丰富的天文信息。虽然我们肉眼可以观测到一些有趣的天文现象，但是更多的天文现象是无法直接用肉眼看见的。

工具进步一小步，人类前进一大步。大约在 1608 年，折射望远镜出现于荷兰。眼镜制造商汉斯·李普希注意到：如果将两片眼镜片以特定的距离前后排列并固定，通过它们看到的远处的物体都会变大，而且距离仿佛变近了。当然不是任何眼镜片都能产生这样的效果，得使用经过特别打磨的镜片。李普希在圆筒的前端和尾端分别固定嵌入特制的眼镜片，这样就制成了第一架望远镜。意大利天文学家伽利略听说这项新发明后，用折射原理建造了第一架天文望远镜，给天文学家们安上了"人造眼睛"。

伽利略通过这架望远镜仰望星空，看到了许多前人从未看见过的景象。他观察到月亮上有山脉和山谷，发现了木星有四颗卫星，还看到银河系是由数不胜数的星

星组成。由此可见，这个"人造眼睛"多么重要！

虽然伽利略的望远镜非常小，聚焦光线的透镜直径仅为 3 厘米左右，但是这个望远镜聚焦的光线比人类眼睛聚焦的光线要多得多。人们通过伽利略望远镜看月亮，那视觉效果仿佛是乘坐着宇宙飞船飞到了月亮附近。

望远镜的工作原理 假设一束光射入大的入射透镜——一块向外凸起的透明玻璃。当光遇到这块玻璃透镜时，就改变了原来的传播方向（人们说，光"折断"

目镜

物镜

光

折射望远镜

了），它们在透镜后方积聚在同一个焦点上。然后我们借助第二块透镜观察，它如同放大镜一般放大了影像。这就是折射望远镜的工作原理。

同时，我们还可用一块向内凹陷的凹面镜取代入射透镜，它将光线反射回去，光线再次在某一点上聚焦。然后借助第二块平面镜让光线反射到用于观测的目镜方向。这就是反射望远镜的工作原理。

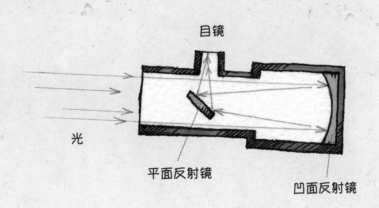

目镜

光

平面反射镜

凹面反射镜

反射望远镜

越来越大 — 越来越远　天文学家很快就明白了，如果不断优化望远镜，就可以获取更多的宇宙信息。随着新设计、新材料的不断推出，望远镜的研发工作进展神速，例如出现了多镜面望远镜；比传统矿物玻璃要轻得多的人造树脂，也用来制造越来越大的望远镜镜面。

19 世纪末用于制造望远镜的最大透镜，直径仅为 102 厘米。21 世纪初用于研究宇宙的最大镜面望远镜，其透镜直径已超过 8 米；几年后甚至出现了直径为 42 米的望远镜镜面，它由 1000 个小镜面共同组成。

这些大型仪器需要安装设置在视野开阔、空气干燥的高海拔地区，这样才能发挥它们的最佳功能，才能探索更加遥远的宇宙空间。所以，如今绝大部分的大型天文望远镜[①]都选择设置在智利的阿塔卡马沙漠，例如甚大望远镜（Very Large Telescope）。

宇宙冒险　人类已经拥有了 50 多年的宇宙飞行历史，但也仅仅能在太阳系内近距离飞行，只登上了地球的卫星——月亮。人类是否可以到达更

---

① ［译注］其中，中国天眼 FAST（500 米口径球面射电天文望远镜）是目前世界上单口径最大、最灵敏的射电望远镜，它位于中国贵州省。

加遥远的恒星，这点至今还无法知晓。

人类学习、认知了许多宇宙知识和信息。在人类的历史中，还没有哪一个阶段可以和今天相比，拥有如此发达的科技文明。人类对于宇宙的了解从未像我们这个时代这样丰富。尽管如此，我们还远远未能将所有谜团揭开。宇宙是如何诞生的？在宇宙诞生之前存在着什么？宇宙是否永无止境？是否存在外星人？这些问题连天文学家都无法准确地回答。对于未来的天文研究者而言，宇宙充满着挑战，你想成为他们中的一员吗？

天文名词

太阳系

指太阳和以太阳为中心以及所有受到太阳的引力支配而环绕它运动的天体的集合体。包括太阳和8颗行星（离太阳从近到远的顺序：水星、金星、地球、火星、木星、土星、天王星、海王星）、180多颗已知卫星、5颗已经辨认出来的矮行星、众多的小行星、彗星、流星体和星际物质等。

卫星

指围绕一颗行星轨道并按闭合轨道做周期性运行的天体，本身不发光。月球是地球唯一的天然卫星。人造卫星是由人类建造，用运载火箭发射到太空中，像天然卫星一样环绕地球或其他行星运行的航天器。"东方红1号"是我国于1970年发射的第一颗人造地球卫星。

月球

通称月亮，地球的天然卫星，直径约是地球的1/4，引力相当于地球的1/6，是太阳系中第五大的卫星。月球表面布满了由陨石撞击形成的环形山。由于月球有规律性的变化，所以从很早开始月球就对人类的历法等产生重大影响。

行星

通常指自身不发光，沿不同的椭圆形轨道环绕着太阳运行的天体。一般来说行星的质量都足够大且形状近似于圆球，但不像恒星那样会发生核聚变反应，例如太阳系内有八大行星。20世纪末人类在太阳系外的恒星系中也发现了行星。

水星

水星是最靠近太阳，也是太阳系最小的一颗行星。水星的运转速度特别快，它绕太阳公转一周大约需要88天。水星表面星罗棋布着无数环形山。由于它离太阳非常近，所以我们只有在凌晨或是黄昏，还有日食时，才能看见它。因为在阳光的照耀下通常是看不见水星的。

金星

金星上火山密布，表面温度特别高，因为它的表面有一圈大气层，太阳热量进入大气层后，很难散出，它的表面就如同温室。金星特别明亮，尤其在日出前、日落后。中国古语有言：清晨现东方，为"启明"；傍晚现西方，为"长庚"。

地球

人类的家园，两极稍扁、赤道略鼓的不规则的椭圆形球体，约有46亿岁。地球表面积约5.1亿平方千米，其中71%为海洋，29%为陆地。在太空上看，地球呈蓝色。

火星

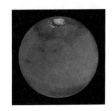

在中国古代也称"荧惑"，太阳系八大行星之一，比地球小，公转一周约为地球公转时间的2倍，有2个天然卫星。它的地表沙丘、砾石遍布。目前人类正在开展对火星的探索，还发现火星上有水的存在。

木星

木星是太阳系八大行星中体积最大、自转最快的行星。木星的直径约是地球的11倍，有79颗卫星环绕着它运行。它主要由气体构成，没有固体表面。

土星

同样为气体星球，但在其内部最深处有坚固的岩石构成的固体核心。土星赤道直径约为地球的9倍，有美丽的行星环。这个环的主要成分是冰微粒、少数的岩石残骸以及尘土。已经确认的土星卫星有62颗。

天王星

天王星是一颗气体星球，内部由冰和岩石构成，它是太阳系内最冷的行星。天王星的亮度也是肉眼可见的，但由于亮度较低、绕行速度缓慢，加上人类最初观测工具的限制，直到1781年3月13日，它才被人类发现。

海王星

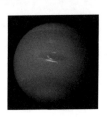

远日行星，主要由气体甲烷构成。甲烷会吸收太阳光线中的红色光，反射蓝色光，所以海王星的表面也如海洋般湛蓝。海王星在1846年9月23日被发现，而且是唯一利用数学预测而非有计划的观测发现的行星。美国的"旅行者2号"探测器曾在1989年8月25日拜访过它。

小行星

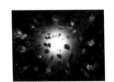

是太阳系内类似行星环绕太阳运行，但体积和质量比行星小得多的天体。它们绝大部分集中于火星和木星轨道之间，形成了一个小行星带。此外，在海王星以外的区域也分布着大量小行星。

彗星

绕着太阳运行的一种天体，有呈云雾状的独特外貌，它的亮度和形状会随距日远近变化：远离太阳时，为发光的云雾状小斑点；接近太阳时，由彗核、彗发、彗尾组成。彗核由比较密集的固体块和质点构成，彗尾由于太阳风的压力，一般朝背离太阳的方向延伸出去，长数千万千米甚至上亿千米。它的形状很像扫帚，俗称"扫帚星"。

流星

是指运行在星际空间的流星体（通常包括宇宙尘粒和固体块等空间物质）在接近地球时由于受到地球引力的摄动而被地球吸引，进入地球大气层，并与大气摩擦燃烧所产生的光迹现象。狮子座流星雨被称为流星雨之王，每 33 年有一个高峰。

恒星

都是气态星球，主要由氢构成，恒星会发光发热，就是核心的氢在进行融合成氦的核聚变反应。太阳是最接近地球的恒星，夜晚天空中看见的闪闪发光的星星也是恒星。所有恒星都与众不同，各具特色，例如，它们会因为温度的不同，呈现不同的颜色。

太阳

太阳系的中心天体，银河系的恒星之一。太阳系中的八大行星、小行星、流星、彗星、外海王星天体以及星际尘粒等，都围绕着太阳公转。太阳是地球光与热的来源，是地球生物赖以生存的条件之一。

红巨星

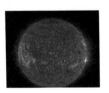

当一颗恒星度过它漫长的青壮年期，步入老年期时，它将首先变为一颗红巨星。红巨星是恒星燃烧到后期所经历的一个较短的不稳定阶段，根据恒星质量的不同，历时数百万年不等，这与恒星几十亿年甚至上百亿年的稳定期相比是非常短暂的。

超新星

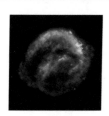

是某些恒星在演化接近末期时经历的一种剧烈爆发。在衰亡之前这颗恒星会通体明亮，剧烈爆发，爆发中会释放出大量等离子体，并且持续数周至数年时间，好像天空中突然出现了一颗新的恒星，但其实这是一颗恒星在衰亡。

白矮星

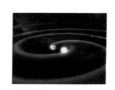

是一种低光度、高密度、高温度的恒星。因为它的颜色呈白色，体积比矮星小，所以被命名为白矮星。白矮星是演化到末期的恒星，主要由碳构成，外部覆盖有一层氢气与氦气。白矮星在亿万年的时间里逐渐冷却、变暗。

银河系

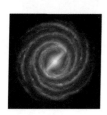

是太阳系所在的螺旋星系，由恒星、气体和尘粒组成的螺旋星云，包括了大约 1000 亿颗以上的恒星。银河系中央区域多数为老年恒星（以白矮星为主），外围区域多数为新生和年轻的恒星。银河系还在缓慢地吞噬周边的矮星系不断壮大自身。

月食

当太阳、地球、月球恰好（或几乎）在同一条直线上，月球处在地球的阴影部分时，太阳光被地球遮蔽，就看到月球缺了一块。月食都发生在农历十五或十五后一两天，分为月偏食、月全食两种。2018 年 1 月 31 日出现了一次罕见的天文奇观"超级蓝色血月"，超级月亮、蓝月亮和月全食同时出现。

日食

当月球运行到太阳和地球中间时，月球就会挡住太阳射向地球的光，月球身后的阴影正好落到地球上，日食现象就发生了。中国民间称此为天狗食日。日食分为日偏食、日全食、日环食，都发生在农历初一。观测日食时不能直视太阳，否则会造成短暂性失明，严重的甚至会造成永久性失明。

光年

天文学上的一种距离单位，用来计量光在宇宙真空中沿直线传播了一年的距离，一般被用于衡量天体间的距离。真空中的光速是每秒约 30 万千米，所以一光年约为 94605 亿千米。地球与太阳的距离约为 8 光分。

61

人造眼睛

浑天仪

浑仪和浑象的总称。浑仪是我国古代测量天体球面坐标的一种仪器，而浑象是我国古代用来演示天象的仪器。浑仪发明者是我国西汉时期阆中人落下闳。中国现存最早的浑天仪制造于明朝，如今陈列在南京紫金山天文台。

赤道经纬仪

清朝康熙年间制造，由子午圈、赤道环、赤经环等组成。是我国重要的古天文观测仪器，至今仍完好地保存在北京古观象台的观测平台上。该仪器主要用于测量太阳、月球以及其他恒星、行星等天体的位置。

折射望远镜

用透镜作为主镜，光线通过镜头和镜筒折射汇聚于一点，屈光成像的望远镜。折射望远镜具有宽广的视野、高对比度和良好的清晰度。大约在1608年，荷兰眼镜制造商汉斯·李普希首次发明折射望远镜，后经伽利略改良，广泛用于天文观测中。

反射望远镜

是使用凹面和平面的面镜组合来反射光线，并形成影像的光学望远镜，而不是使用透镜折射光线形成图像。第一架反射望远镜是牛顿制造的。

多镜面望远镜

是由多块分立镜面组成主镜的新型天文望远镜。例如，位于美国得克萨斯州的麦克唐纳天文台，著名的霍比－埃伯利望远镜，口径为9.2米，集光面积77.6平方米，天文学家通过它首次找到恒星吞噬行星的证据。

哈勃太空望远镜

第一架太空望远镜，于1990年发射，在大气层之上环绕着地球运行。由于在大气层之上，它形成的影像不会受到大气湍流的扰动，视宁度绝佳又没有大气散射造成的背景光，还能观测会被臭氧层吸收的紫外线。它的出现使天文学家成功地摆脱了地面条件的限制，获得了更加清晰与更广泛波段的观测图像。

天文学家

张衡（78—139）

我国东汉时期伟大的天文学家，他指出月球本身并不发光，月光其实是日光的反射，他还正确地解释了月食的成因。

托勒密（约90—168）

古罗马天文学家，他是"地心说"的集大成者，认为宇宙的中心是地球，而其他所有恒星和行星都绕着地球运转。这个观点被后来的"日心说"推翻。

哥白尼（1473—1543）

波兰天文学家，首次提出"日心说"，即太阳位于宇宙的中心，地球是一颗行星，与水星、火星和木星一样围绕着太阳公转。他的这个学说是人类对宇宙认识的革命，使人们的整个世界观都发生了重大变化。此外，哥白尼也是第一个发现地球除了围绕太阳公转外，还绕着地轴自转的人。

开普勒（1571—1630）

德国天文学家，他发现了行星运动的三大定律：①椭圆轨道定律，所有行星分别是在大小不同的椭圆轨道上运行；②面积定律，在同样的时间里行星向径在轨道平面上所扫过的面积相等；③调和定律，行星公转周期的平方与它同太阳之间的平均距离的立方成正比。这也使他赢得了"天空立法者"的美名。

伽利略（1564—1642）

意大利天文学家。他创制了伽利略望远镜，并用它观测天体。他发现了月球表面的凹凸不平、木星的四颗卫星（为哥白尼学说找到了确凿的证据）、土星光环、太阳黑子、太阳的自转、金星和水星的盈亏现象等等。为了纪念伽利略的功绩，人们把木卫一、木卫二、木卫三和木卫四命名为伽利略卫星。

赫歇尔（1738—1822）

英国天文学家。他发现了天王星及其两颗卫星、土卫一和土卫二。通过对恒星运动的研究，他指出太阳系也在银河系中运动着，以每秒几十千米的速度向着武仙座与天琴座毗邻的方向疾驰而去。他还是最早发现太阳有红外线发射的科学家。

哈勃（1889—1953）

美国天文学家。他证实了银河系外其他星系的存在，是公认的星系天文学创始人和观测宇宙学的开拓者，被尊称为星系天文学之父。为纪念哈勃的贡献，小行星 2069、月球上的哈勃环形山以及哈勃太空望远镜均是以他的名字命名的。

本书作者简介

迪特尔·B. 赫尔曼

　　德国天文学家，在柏林洪堡大学任教。他是柏林蔡司大型天文馆的创始馆长，也是阿肯霍尔德天文台台长。这位出版了众多天文学著作的作家，非常喜欢陪孩子们一起探讨天文学课题。2010 年，国际天文联合会将小行星 2000 AC204 命名为"迪特尔·赫尔曼"。

维达利·康斯坦丁诺夫

　　德国艺术家，出生于敖德萨，学习过建筑、版画、绘画和艺术史。他在魏玛包豪斯大学以及汉堡应用技术大学执教，并定期在德国和意大利举办插画专题研讨会和培训班。作为自由插画家，他绘制过儿童图书、通俗文学、纪实文学等的插图。

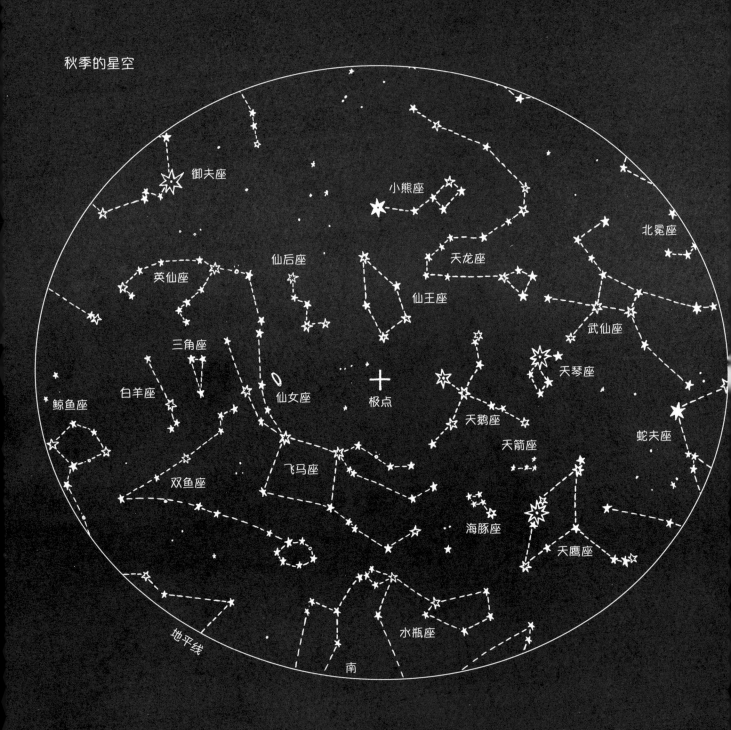

秋季的星空

御夫座　小熊座　北冕座　天龙座　仙王座　武仙座　仙后座　英仙座　天琴座　三角座　仙女座　极点　天鹅座　蛇夫座　白羊座　鲸鱼座　天箭座　双鱼座　飞马座　海豚座　天鹰座　水瓶座　地平线　南